Jorge Carrasco

Evidencias de Cambio Climático en Chile

Jorge Carrasco

Evidencias de Cambio Climático en Chile

Proyecciones y Consecuencias

Editorial Académica Española

Imprint

Any brand names and product names mentioned in this book are subject to trademark, brand or patent protection and are trademarks or registered trademarks of their respective holders. The use of brand names, product names, common names, trade names, product descriptions etc. even without a particular marking in this work is in no way to be construed to mean that such names may be regarded as unrestricted in respect of trademark and brand protection legislation and could thus be used by anyone.

Cover image: www.ingimage.com

Publisher:
Editorial Académica Española
is a trademark of
International Book Market Service Ltd., member of OmniScriptum Publishing Group
17 Meldrum Street, Beau Bassin 71504, Mauritius

Printed at: see last page
ISBN: 978-620-2-13737-9

EVIDENCIA DE CAMBIO CLIMÁTICO EN CHILE SUS PROYECCIONES Y CONSECUENCIAS

Jorge Carrasco Cerda

Cambio Climático y Desarrollo Sostenible

2017

Resumen Ejecutivo

Un análisis de los cambios actuales y proyecciones futuras de la temperatura del aire y la precipitación para los escenarios B1, A2 o RCP2.6 y RCP8.5, se realizaron en este estudio. En general, la tendencia lineal de las temperaturas extremas para el periodo 1961 – 2010 revelan un aumento de la temperatura en el territorio nacional, sin embargo, este aumento estaría forzado por el salto climático ocurrido el año 1977 asociado al cambio de fase de la PDO. Un análisis más detallado revela una disminución de la temperatura en las estaciones costeras de las regiones norte y central de Chile, así como un aumento en el interior de las mismas regiones después del salto, y que estaría forzada por el aumento de la temperatura mínima. Por otra parte las simulaciones futuras indican para fines del siglo 21 un aumento de la temperatura del aire superficial a lo largo del país de entre 2° y 5 °C, siendo mayor en el norte grande y norte chico, especialmente en zonas cordilleranas, y siendo los meses de verano los que presentarían los mayores cambios (veranos más calorosos). En cuanto al régimen pluviométrico, los registros indican una disminución en la región sur del país, un ligero aumento en la región central durante el último tercio del siglo 20, pero luego una significativa disminución en el presente siglo. Para la región norte y austral la precipitación muestra un ligero aumento aunque no significativo. Las proyecciones para mediados y fines del siglo 21 indican que este comportamiento observado continuará pudiendo alcanzar de 20% hasta un 50% respecto a los valores climáticos actuales, en la zona central y sur principalmente en los meses de verano; y un aumento de alrededor de un 20% en la región del extremo austral del país. La consecuencia del aumento de la temperatura y disminución de la precipitación producirá una reducción de las masas de hielo y nieve de los glaciares cordilleranos con una alteración en los recursos hídricos del país, un desplazamiento hacia el sur de las características agrícolas-forestales con cambios del tipo de cultivos, posible aparición de enfermedades propias de climas tropicales, alteración de los recursos pesqueros, entre otros cambios específicos propios de la diversidad de ecosistemas que presenta el territorio nacional.

Los recursos hídricos para la agricultura y la generación de energía hidroeléctrica son vitales para el desarrollo de Chile. Las proyecciones del IPCC y otros modelos regionales indican para el futuro menos precipitación y acumulación de nieve, así como un aumento de la temperatura en valles interiores y en los Andes para mediados y fines del siglo 21. Esto trae consigo una mayor volatilidad hidrológica que se acentúa con los mecanismos naturales de variabilidad climática como las asociadas con la ocurrencia de El Niño - La Niña. Se espera que un cambio en el ciclo hidrológico, lo que en algunos casos hará que el máximo de escorrentía se desplace de mes o en algunas regiones sea uniformemente distribuida.

Las principales fortalezas que Chile tiene para la elaboración de las políticas de adaptación son: i) la localización geográfica con características del clima diferenciadas latitudinalmente a lo largo del país, así como, una variación altitudinal de oeste a este con un valle central extendido de norte a sur, la cordillera de la Costa y de los Andes. Esta situación ofrece una amplia gama de posibilidades de adaptación; ii) factores económicos relacionados con los acuerdos internacionales para la importación y exportación de bienes y un ambiente económico y político relativamente estable; y iii) un desarrollo de capacidades básicas y buena relación pública-privada que puede facilitar futuras iniciativas de adaptación.

1. INTRODUCCION

1.1 Contexto global

A nivel global, la temperatura superficial del aire muestra un aumento de alrededor de 0.85 [0.65 a 1.06] °C a partir desde la Revolución Industrial (Hartmann *et al.*, 2013). El calentamiento global es inequívoco, fue la conclusión principal del Cuarto Informe elaborado por el Panel Intergubernamental sobre Cambio Climático (IPCC, 2007; Solomon et al., 2007) en el año 2007. Más tarde, el Quinto Informe del IPCC concluyó que el calentamiento observado es como consecuencia del aumento de los gases de efecto invernadero de origen antropogénico[1]. Es decir, luego de más de dos décadas de estudios, el IPCC confirma con un grado confiable de certeza que un cambio climático está teniendo lugar y que es la actividad antropogénica la responsable y no forzantes naturales (IPCC, 2013a).

El clima puede definirse como la estadística del tiempo atmosférico, es decir, como una medida del comportamiento medio de variables meteorológicas (temperatura, precipitación, humedad, vientos, etc.) promediado en un plazo suficientemente largo (normalmente 30 años) que permite definir el estado medio de la atmósfera que prevalece en una región. El clima está determinado y afectado por factores atmosféricos, geográficos y biofísicos como la latitud, características del terreno y la elevación, así como por los cuerpos de agua cercanos. Los climas pueden clasificarse según la media y otros estadísticos que permiten definir el comportamiento de diferentes variables, siendo las más usadas la temperatura y precipitación. Dentro de un promedio de 30 años, aparte de la oscilación media anual tienen lugar variabilidades de escala interanual e intra-anual que puede definir el rango normal de variabilidad del clima en una región. Análisis de datos meteorológicos observados directamente o inferidos de otras variables

---

[1] Climate Change 2014. Synthesis Report: Summary for Policymakers.

ambientales, revelan que el clima también muestra una variabilidad a escala de decenas, cientos y miles de años. Estos cambios del clima pueden estar forzados naturalmente por factores astronómicos (variación de la excentricidad, de la inclinación axial, y la precesión de la órbita de la Tierra respecto al Sol), por erupciones volcánicas que altera la composición de la concentración de gases en la atmósfera, y por cambios debidos a la tectónica de placas.

Una alteración de la concentración de gases de efecto invernadero también puede actuar como una forzante para un cambio del clima. Para comprender que significa este cambio, sus causas y consecuencias, debemos entender el *sistema climático* como la integración e interacción entre los subsistemas formados por la atmósfera, los océanos, la criósfera, la biósfera y la geósfera y de todos los procesos internos en cada subsistema. Por lo tanto, cuando hablamos de *cambio climático* nos referimos, no sólo a aquellos que tienen lugar en la atmósfera, sino también a los cambios que ocurren en los otros componentes del sistema climático. Por otra parte, el término *calentamiento global* sí está referido al aumento de la temperatura del aire troposférico y a la temperatura de los océanos.

Pero, ¿qué provoca los cambios en el clima? Para respondernos es necesario entender que en un esquema simple (Figura 1.1), la Tierra absorbe parte de radiación proveniente del Sol (70%). Esta se traduce en energía que es redistribuida por las corrientes atmosféricas y oceánicas alrededor del planeta y es regresada al espacio en forma de radiación terrestre (de onda larga). Parte de esta radiación terrestre es absorbida por la atmosfera por un mecanismo que ha existido en forma natural por millones de años debido a la presencia natural de gases de efecto invernadero, entre los cuales los más importantes son: dióxido de carbono, metano y óxido nitroso, además del vapor de agua (ver Tabla 1.1). Después de los años 50, el hombre introduce un nuevo gas invernadero en la atmósfera los llamados cloroflurocarbonos. Estos gases no sólo contribuyen a incrementar el efecto invernadero, sino también son el principal agente destructor del ozono estratosférico. Por otra parte, la contaminación en las ciudades agrega a la atmosfera superficial el ozono troposférico, considerado también un gas invernadero que puede iniciar la remoción química del metano y otros hidrocarburos de la atmósfera y que por otra parte tiene un impacto a la salud de las personas principalmente en las grandes ciudades.

En términos de un clima estable la radiación solar recibida por la Tierra es balanceada por la radiación solar reflejada más la radiación terrestre emitida al espacio, de tal modo que, idealmente la energía disponible y por ende la temperatura media global del aire se mantienen relativamente constantes en el tiempo. Cualquier factor que altere la cantidad de radiación recibida por la Tierra o emitida por ésta, o que altere la redistribución de energía entre la atmósfera, los océanos y los suelos; pueden modificar el balance radiativo y por ende afectar el sistema climático.

El Efecto Invernadero

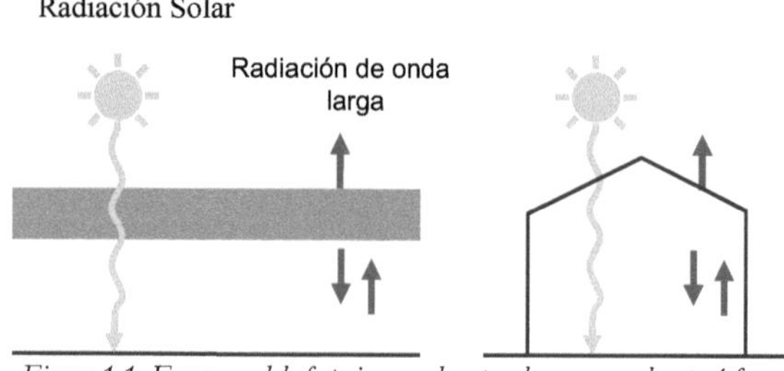

Figura 1.1. Esquema del efecto invernadero por los gases en la atmósfera.

Tabla 1: Gases tipo Invernadero

Indicadores de concentración de gases invernadero en la atmósfera	Cambios observados
CO_2 (dióxido de carbono)	280 ppm para el período 1000-1750 a 404.5 ppm, en dic. 2016.[2]
CH_4 (metano)	700 ppb para el período 1000-1750 a 1850 ppb, en oct. 2016.[3]
N_2O (óxido nitroso)	270 ppb para el período 1000-1750 a 328 ppb, en abr. 2016[4]
O_3 (ozono) troposférico	237 (1750) a 337 (2016)[4] ppb. La forzante radiativa del ozono troposférico aumentó 410 mWm^{-2} desde 1750 (pre-industrial) a 2010 (Stevenson *et al.*, 2013).
O_3 estratosférico	Disminución durante el período 1970-2000, varía con la altitud y la latitud.
HFCs (hidroflurocarbonos)	Aumentó globalmente en los últimos 50 años[4].

Por otra parte, los aerosoles antropogénicos en la atmósfera, tales como aquellos derivados de la combustión de fósiles y quemas de biomasas, y/o aerosoles naturales provenientes de erupciones volcánicas, también pueden alterar el sistema climático. Pero, en la mayoría de erupciones, debido a la capacidad de reflejar radiación solar y alterar las propiedades físicas de la nubosidad, su efecto es más bien a enfriar el clima en el corto plazo ya que actúa como una forzante radiativa negativa.

Un aumento de la concentración de los gases de efecto invernadero hará que la radiación terrestre emitida al espacio sea menor. Esto debido a que la mayor concentración de gases conlleva a una mayor radiación terrestre absorbida, o "atrapada", por la atmósfera. Como resultado tendremos una alteración del balance radiativo. En este caso, un aumento de la energía disponible en la atmósfera que

---

[2] https://www.co2.earth/
[3] https://www.esrl.noaa.gov/gmd/ccgg/trends_ch4/
[4] http://cdiac.ornl.gov/pns/current_ghg.html

induce a un aumento de la temperatura global media en la atmósfera troposférica y de los océanos. A este aumento de la concentración de gases efecto invernadero es lo que se conoce como *"incremento del efecto invernadero"*.

En general, cuando el balance radiativo cambia, el sistema climático responde en todas las escalas de tiempo, alterando, entre otros, el ciclo hidrológico global y regional, la circulación de la atmósfera y de los océanos, y por lo tanto, afectará los patrones del tiempo atmosférico y el clima y con ello los regímenes de temperatura y precipitación regional (entre otros parámetros atmosféricos) generando impactos y respuestas en la flora, fauna, en los suelos y no ajeno a estos impactos, están las sociedades y sus infraestructuras.

Cualquier cambio inducido por la actividad humana ocurrirá dentro de la variabilidad climática natural existente en las diversas escalas de tiempo. Por lo tanto, es lógico preguntarse si los cambios actuales observados en el sistema climático son de origen natural o son en realidad consecuencia antropogénica, o ambos. Para responder esta pregunta, centros científicos utilizaron modelos numéricos de simulación del clima con los cuales se replicaron el comportamiento de la temperatura media global del planeta a partir de 1860 y se comparó con la temperatura real observada[5]. El modelo se corrió en tres modalidades: PRIMERO, considerando sólo las forzantes naturales como son la radiación solar y la actividad volcánica, SEGUNDO, sólo considerando la forzante antropogénica, es decir, el aumento de los gases invernadero debido a la actividad humana y TERCERO, considerando ambas forzantes natural y antropogénica (ver Figura 1.2). Comparación de los tres resultados permitió concluir con alta confiabilidad que el calentamiento observado a partir de los ochentas es atribuible a una forzante antropogénica. ¿Está cambiando el clima? La respuesta definitivamente es sí. Las

---

[5] IPCC 2001, Capítulo 12.

observaciones no sólo apoyan esta conclusión, sino también dan cuenta de la rapidez de los cambios.

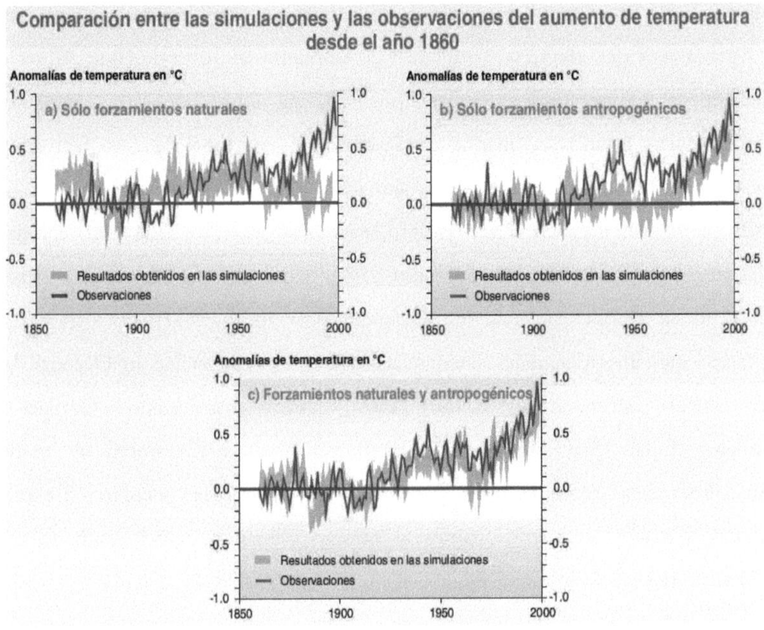

Figura 1.2. Comparación del comportamiento de la temperatura simulada y la observada. La simulación de las variaciones de la temperatura de la Tierra y la comparación de los resultados con los cambios medidos puede facilitar una mejor idea de las causas subyacentes de los cambios importantes (IPCC, 2001).

1.2   Perspectiva nacional

El territorio continental chileno se encuentra en el lado occidental de América del Sur entre los 17°30' y 56°30' S. La superficie total es de 756.096 km² que se extiende por 4.300 km de norte a sur y está limitada al oeste por el Océano Pacífico Sur y al este por las montañas de los Andes. Chile se caracteriza por una gran variedad de climas que va desde el lugar más seco del mundo (Desierto de Atacama) a los campos de hielo patagónicos con nieve y hielo permanente. Desde el punto de vista atmosférico, el clima está determinado por la presencia permanente del centro de alta presión del Pacífico Sur, la circulación del viento del oeste en las latitudes medias y la circulación de tipo monzón de verano que tiene lugar en la parte sur del Amazonas y que afecta la cordillera y el Altiplano del norte de Chile. El ciclo anual de la temperatura y la precipitación, así como de otras variables meteorológicas, están relacionados con la variación estacional de estos factores y su variabilidad interanual están principalmente dados por mecanismos asociados con El Niño - Oscilación del Sur (ENSO, por sus siglas en inglés) en las regiones del norte y centro-sur del país (Aceituno, 1989), y por el Modo Anular Antártico (AAO) en las regiones sur y austral (Quintana y Aceituno, 2012). Por otra parte, las variaciones inter-decadales están relacionados con la Oscilación Decadal del Pacífico (PDO, Montecinos y Aceituno, 2003) y las intra-anuales con la Oscilación Madden y Julian (MJO, Carrasco 2006; Barret *et al.*, 2012) ambas afectando principalmente las regiones norte y centro, y las tendencias seculares a escala centenal o mayor se puede atribuir al cambio climático como resultado del incremento del efecto invernadero.

El clima de Chile a grandes rasgos lo podemos dividir latitudinalmente de norte a sur en 4 regiones para efectos de este estudio (ver Figura 2.1 para referencia geográfica). Uno que va desde Arica hasta las proximidades de La Serena (17,5 a 30°S) caracterizada por su sequedad y ambiente desértico, con nubes estratocúmulos abundantes en la costa y precipitación convectiva en la cordillera y altiplano durante los meses de verano. Dos: la región central que va de La Serena hasta las cercanías de Temuco (30 a 38°S) caracterizado por un clima mediterráneo con un verano seco y una estación lluviosa en los meses de invierno. Tres: la región que se extiende entre Temuco y Balmaceda (35 a 45°S) con precipitaciones todo el año pero más abundante en el invierno. Cuatro: la región que va desde Balmaceda a la latitud 55°S caracterizada por precipitaciones distribuidas a lo largo del año.

Todas las regiones están topográficamente marcadas de norte a sur por la cordillera de la costa que define el límite de la influencia costera en el continente, la depresión intermedia en donde se encuentra el desierto en la región norte y valles agrícolas en la región central y sur; y la cordillera de los Andes que es el repositorio de nieve estacionales y de glaciares, su altura desciende de norte a sur.

La presente Tesis se limita a realizar una evaluación de los cambios de la temperatura y precipitación que han ocurrido en Chile, basándose principalmente en datos de estaciones meteorológicas. Como también se evaluará los cambios futuros esperados para mediados y fines del siglo 21, según diferentes modelos de simulación climática utilizadas por el IPCC.

La hipótesis de trabajo es:

El territorio continental de Chile ha experimentado variaciones en los regímenes de temperatura y precipitación que son indicadores de cambio climático en el país. Las proyecciones para mediados y fines del presente siglo indican que las tendencias de estos cambios continuarán.

Por lo tanto, habrá dos objetivos:

1.- Estudiar los comportamientos de la variabilidad y tendencias de la temperatura del aire y la precipitación en Chile.

2.- Estudiar los resultados de las simulaciones de la temperatura del aire y la precipitación en Chile, dados por diversos modelos climáticos y escenarios futuros.

Para evaluar la hipótesis y sus objetivos se realizará:

a) Un análisis de los cambios de la temperatura del aire a lo largo del país.

b) Un análisis de los cambios en los regímenes de precipitación

c) Evaluación de los impactos actuales de los cambios de temperatura y precipitación.

d) Proyecciones de los cambios en la temperatura y la precipitación en Chile para mediados y fines del siglo 21, de acuerdo a diferentes escenarios futuros.

e) Estudio de los impactos futuros en Chile.

2.   METODOLOGIA

Para el análisis del comportamiento de las variables de temperatura y precipitación se usarán las estaciones meteorológicas del Servicio Meteorológico de Chile (DMC) disponibles en internet. La Figura 2.1 muestra la localización de las estaciones junto con las gráficas de las normales mensuales de la temperatura del aire y la precipitación, promediadas para el periodo 1961-1990. Para el análisis de las tendencias de la temperatura se usó el periodo de 1961 – 2010. Además se utilizaron los datos de radiosondas para evaluar el comportamiento de la temperatura del aire a una altura de 850 hPa (aproximadamente unos 1500 a 1340 msnm de norte a sur). Las estaciones de radiosondas están ubicadas en Antofagasta, en Santo Domingo (unos 200 km al de Valparaíso), Puerto Montt y Punta Arenas. El periodo utilizado también va desde 1961 a 2010, salvo en Punta Arenas que las observaciones comenzaron en 1975. Datos de precipitación cubren un periodo de 1900 a 2010. A partir de los datos diarios se obtuvieron las medias mensuales y anuales para el caso de la temperatura y las acumulaciones para el caso de la precipitación.

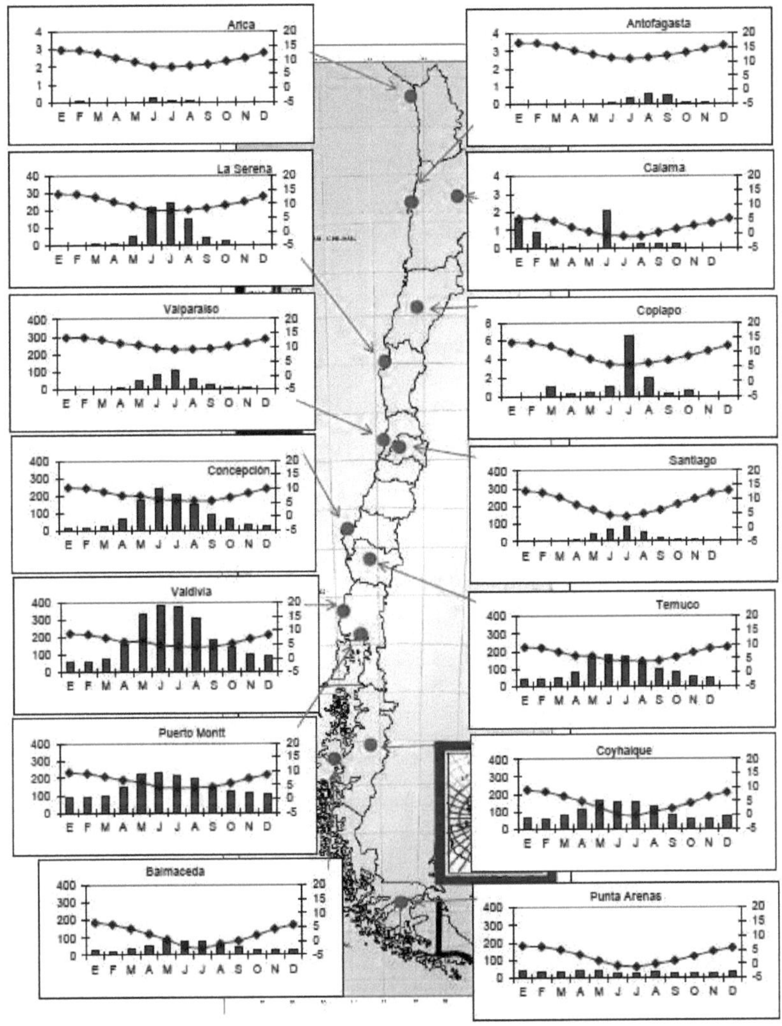

Figura 2.1. Mapa con localización de estaciones meteorológicas usadas en este estudio junto con gráficos de sus normales mensuales de precipitación (eje izquierdo) y temperatura del aire (eje derecho)(Carrasco et al., 2008).

13

Luego, para obtener las tendencias seculares los datos se suavizaron aplicando la media móvil (11 años) y el filtro exponencial (Rosenblüth *et al.*, 1997) dado por:

$$y_t = cx_t + (1-c)y_{t-1} \qquad t = 2,3,\ldots\ldots\ldots n \qquad (1)$$

and $\quad z_t = cy_t + (1-c)z_{t+1} \qquad t = (n-1),(n-2),\ldots\ldots 1 \qquad (2)$

donde (1) y (2) son respectivamente la primera pasada hacia delante y la segunda pasada en retroceso del filtrado. El primer valor y_t es el promedio de los primeros datos de la serie y z_t corresponde al último dato de la primera pasada. El grado de suavizado está dado por el coeficiente (c) que puede estar entre 1 (mínimo, reproduce el dato original) y 0 (máximo reproduce una línea recta). Valores entre 0.1 y 0.25 pueden filtrar la alta variabilidad pero mantener la baja variabilidad dando cuenta del comportamiento de una variable a una escala mayor. Por ejemplo, si se tiene una serie de datos anuales de precipitación de 30 años, se puede filtrar la variabilidad interanual, pero mantener la variabilidad decadal y la tendencia del período de la serie.

3.   RESULTADOS

3.1 Análisis de los cambios de la temperatura del aire a lo largo del país. Temperatura mínima y máxima media anual

Estudios muestran que la temperatura superficial del aire se caracteriza por un enfriamiento en las zonas costeras y un calentamiento hacia el interior, principalmente en la costa de la zona norte centro de Chile (17.5°S - 37.5°S) durante las últimas décadas (1979-2006), mientras que hacia el sur del país las tendencias no son tan claras (Falvey y Garreaud, 2009). Por otro lado, de acuerdo a Falvey y Garreaud (2009) la variación de temperatura no ha sido verticalmente homogénea, el enfriamiento a nivel superficial que se observa en la zona norte y centro se debilita al aumentar la altura, alcanzando un calentamiento máximo alrededor de 1300 msnm (aproximadamente el nivel de 850 hPa). Este calentamiento se mantiene en la troposfera en la zona norte hasta aproximadamente los 8000 msnm, pero disminuye en magnitud, mientras que en la zona centro la tendencia es cercana a cero sobre 4000 msnm. Por otra parte, en la zona sur, no se observa este patrón definido, sino que un enfriamiento leve a lo largo de toda la columna, pero sin ser significativa estadísticamente.

Las variaciones de la altura de la isoterma 0 °C en las últimas décadas a partir de perfiles verticales obtenidos de las estaciones de lanzamiento de radiosondas en Chile, fueron analizadas por Carrasco *et al.* (2008). Al examinar las tendencias entre 1958 y el 2006 en las tres estaciones existentes en ese periodo (Antofagasta, Quintero/Santo Domingo y Puerto Montt), se observa un aumento significativo de la altura de los 0 °C. Es posible observar el salto climático atribuido a la PDO (Giese *et al.*, 2002, Boisier *et al.,* 2015) reflejado en el régimen térmico, con valores promedios más bajos para el periodo entre 1958 y 1976, asociados a la fase fría de la oscilación y lo contrario para el periodo entre 1977 y 2006 correspondiente a la fase cálida que predominó hasta aproximadamente 2000-2003. Por otra parte, al analizar un periodo más reciente, entre 1977-2006, se observan tendencias positivas para las 4 estaciones (Antofagasta, Quintero/Santo Domingo, Puerto Montt y Punta Arenas) que pueden ser asociadas al calentamiento global.

Las Figuras 3.1 y 3.2 muestran respectivamente las anomalías estandarizadas de las temperaturas mínimas y máximas, respecto a la normal 1961-1990 en diferentes regiones del país de norte a sur. En general, un análisis lineal de las temperaturas extremas para el periodo 1961 – 2010 revelarían un aumento de la temperatura en el territorio nacional. Sin embargo, este aumento estaría forzado por el salto climático ocurrido el año 1977 (Giese *et al.*, 2002) que está asociado al cambio de fase de la PDO. Un análisis más detallado del comportamiento de las temperaturas extremas dado por las mínimas y máximas indica tendencias diferentes antes y después del año 1977 y que el aumento de las temperaturas medias es debido principalmente por el aumento de las temperaturas mínimas.

Las anomalías de la temperatura en el sector costero norte y central (curva color azul) muestran un ligero aumento de las temperaturas mínimas hasta fines de los años setenta, pero luego no presenta un aumento sino todo lo contrario una disminución, que es más marcado y estadísticamente significativo en la isla Juan Fernández (JF: curva celeste). En el sector norte, las temperaturas máximas revelan una significativa disminución después de 1977. Por el contrario, las tendencias de la temperatura al interior del país muestran un calentamiento después del año 1977. Este comportamiento de la temperatura mínima y máxima revela por una parte una disminución de la oscilación diurna y por otra parte un aumento de las noches cálidas. La estación insular en Juan Fernández revela un claro enfriamiento en las ultimas 4 décadas, lo que coincide con los resultados del Cuarto Informe del IPCC (Trenberth *et al.*, 2007) y otros estudios (Falvey y Garreaud, 2009), que revelan un enfriamiento en el sector oriental del Océano Pacífico Sur frente a las costas de América del Sur (ver figura 3.10, página 251). En localidades ubicadas al interior como son los datos registrados por Calama y Santiago revelan un aumento de las temperaturas extremas tanto en la mínima como en la máxima. En cambio la región sur, entre Temuco y Puerto Montt, aparte de la variabilidad interanual no muestra una tendencia secular clara, salvo una ligera disminución de las temperaturas mínimas. En la región austral se observa que las temperaturas máximas revelan un aumento en los últimas 2 décadas.

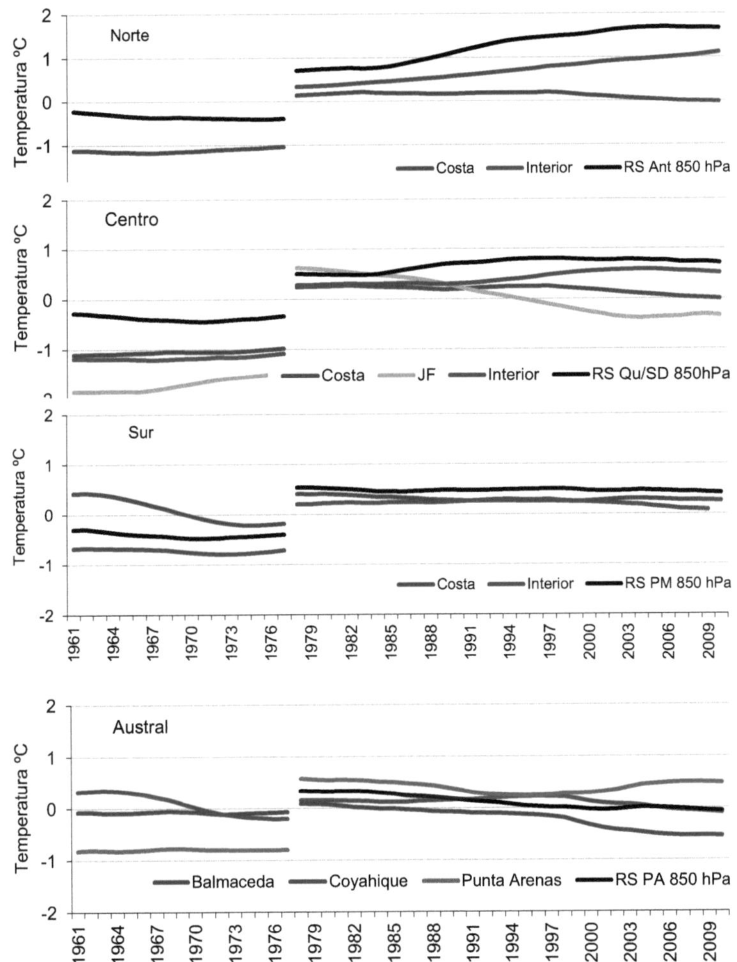

Figura 3.1. Anomalías estandarizadas de las temperaturas mínimas del aire respecto a la normal 1961-1990, y la temperatura del aire a 850 hPa (1500 – 1340 msnm de norte a sur).

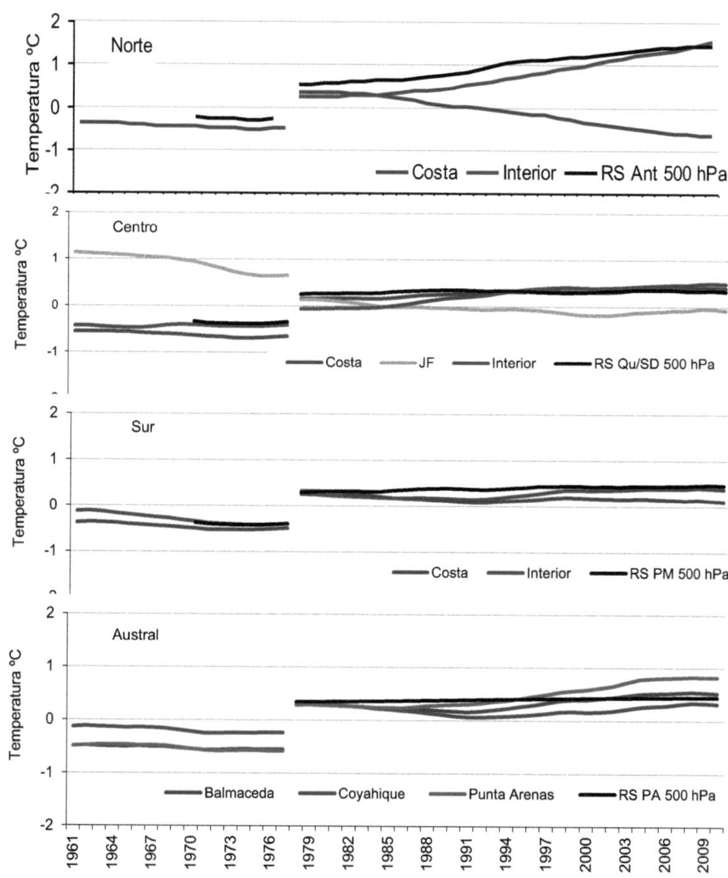

Figura 3.2. Anomalías estandarizadas de las temperaturas máximas del aire respecto a la normal 1961-1990, y la temperatura del aire a 500 hPa (5800 - 5370 msnm de norte a sur).

3.2 Análisis de los cambios en los regímenes de precipitación

En el sector de Chile central (30°S - 35°S), la variabilidad observada en la precipitación han sido relacionados a la intensidad del anticiclón subtropical del

Pacífico Sur Oriental y al fenómeno ENSO, los cuales son a su vez modulados por la PDO. Entre el año 1950 y mediados de 1970, el anticiclón subtropical se encontraba relativamente intensificado, mientras que ENSO y la PDO se encontraban en fase negativa, lo cual coincide con condiciones relativamente secas (menos precipitación que lo normal) en la región central. Por otro lado, el aumento de la precipitación a partir de 1980 coincide con el cambio de fase fría a cálida de la PDO (1976/1977), debilitamiento del anticiclón del pacífico, y una mayor frecuencia de fases positivas de ENSO.

A partir de 1990 comienza a decaer la fase positiva de la PDO entrando a su fase negativa hacia fines del siglo 20 después del último gran evento El Niño de 1997. El fortalecimiento del anticiclón del pacífico explicaría un bloqueo a los sistemas frontales hacia la región central del país y con ello una disminución de precipitación desde principios del siglo 21 y que se extiende hasta la fecha.

El análisis de la variabilidad en el sector sur de Chile (37°S - 43°S) muestra una marcada tendencia negativa de la precipitación a partir de 1950, asociado tanto a la disminución en la frecuencia de episodios de precipitación como en la intensidad de las mismas, lo cual se ha vinculado en parte a la tendencia de la AAO hacia su fase positiva durante los últimos 50 años. La variabilidad interanual en este sector es modulada por el gradiente meridional de la presión atmosférica a nivel del mar en el Pacífico Suroriental entre latitudes medias y altas, principalmente en invierno. Este gradiente conduce a un desplazamiento hacia el polo de la banda latitudinal de sistemas de bajas presiones migratorias y de los sistemas frontales asociados (Quintana y Aceituno, 2012).

Por otra parte, el comportamiento de la precipitación secular durante el período 1950-2000 (Figura 3.2 de Carrasco *et al.*, 2008), no muestra ninguna tendencia estadísticamente significativa para la región central y parte sur (30 a 38°S) y más austral de Chile (al sur de 52°S), mientras que sí se ha registrado una disminución en las precipitaciones en la parte sur entre 38° a 46°S, que es estadísticamente significativa en algunos lugares. Por otra parte, la escasa precipitación que se registra en el Altiplano sólo permite un examen limitado de las tendencias de la precipitación, el comportamiento en Visviri localizado en el altiplano, que puede considerarse una estación de referencia en la región, revela un leve aumento aunque no estadísticamente significativo, durante el período 1962-2003, pero también se observa una tendencia negativa no significativa desde mediados de los 80.

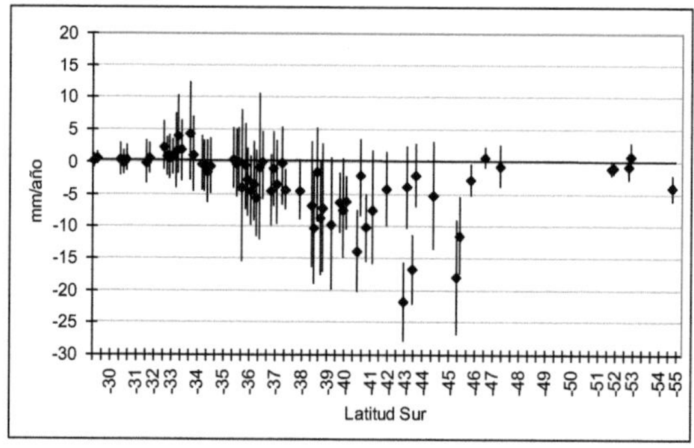

Figura 3.3. Tendencia de la precipitación anual durante el período 1950-2000 para 66 estaciones pluviométricas entre los 30 y 55° S. Los puntos representan valores de las tendencias en milímetros de agua caída, las líneas verticales que cruzan los puntos son los grados de confianza al nivel 95% (Carrasco et al., 2008).

El comportamiento de la precipitación de las estaciones con más larga data, desde principios del siglo 20, está graficadas en la Figura 6. La tendencia lineal muestra una disminución en todas ellas; sin embargo, el comportamiento interdecadal revela periodos de disminuciones y aumentos de la precipitación que sólo para la región central (Valparaíso, Santiago. Chillán y Concepción) se correlacionan con la PDO. En general se ha observado una disminución generalizada de la precipitación en el siglo 20 a lo largo de la costa occidental de América del Sur. Sin embargo, el régimen pluviométrico de Chile presenta dos regiones de comportamiento distintos: UNO la región Centro-Norte que se encuentra influencia por la ocurrencia de eventos El Niño y La Niña. Así, al considerar la evolución de la precipitación en la segunda mitad del siglo 20 se observa un ligero aumento debido fundamentalmente a predominio de los eventos El Niño en el último cuarto del siglo 20 y a la vez la prevalencia de la fase cálida de la PDO. DOS el régimen de la precipitación histórica en la región sur sí registra una tendencia a la disminución aunque con una leve recuperación en los noventas, como ejemplo la precipitación actual en Valdivia es un 30% menor que su valor de mediados del siglo 20. Este comportamiento se debe al desplazamiento hacia el sur del flujo de los oeste lo que conlleva a la vez un desplazamiento de las trayectorias frontales que ha hecho que ocurra una caída de las precipitaciones en las regiones central y sur y un leve aumento de la precipitación en la zona austral. El desplazamiento hacia el sur de los vientos del oeste es atribuible al efecto antropogénico debido al aumento de los gases invernadero y deterioro de la capa de ozono (Thompson y Solomon, 2002).

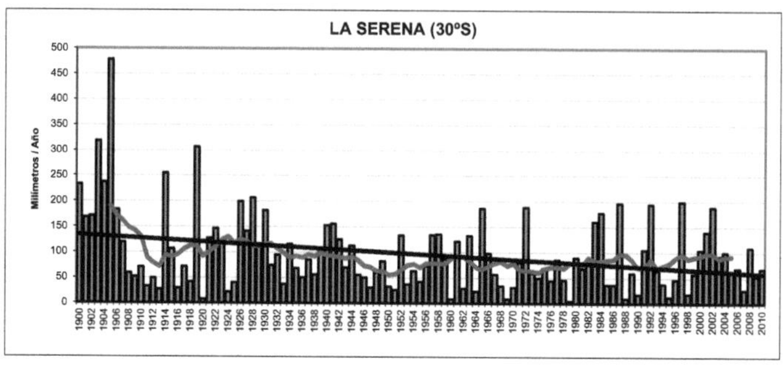

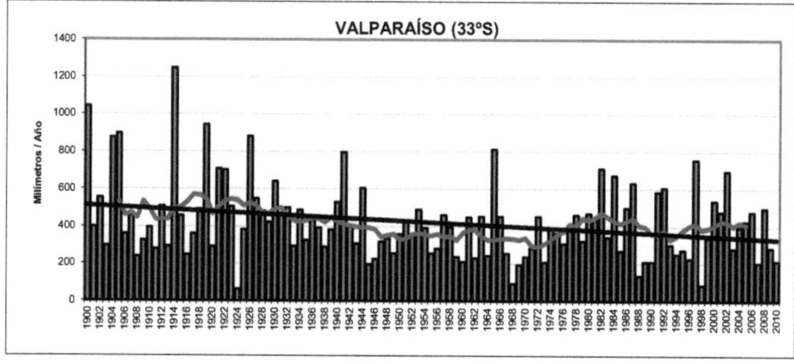

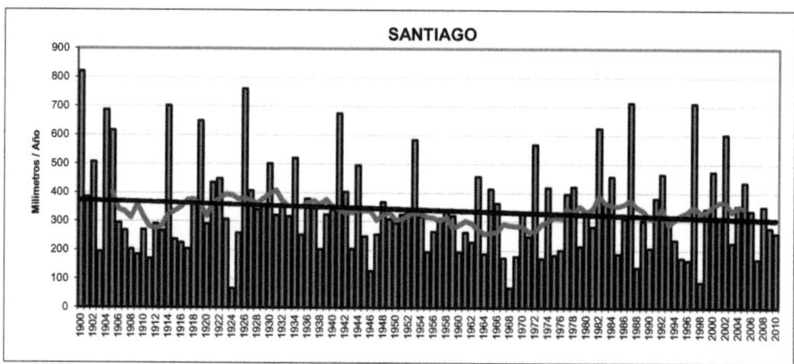

Figura 3.4. Acumulación anual de precipitación (barras), filtro exponencial (curva roja) y tendencia lineal (línea negra). Colaboración Juan Quintana, Dirección Meteorológica de Chile.

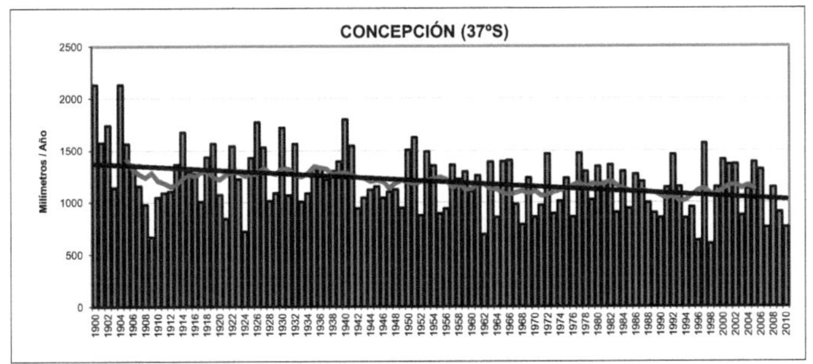

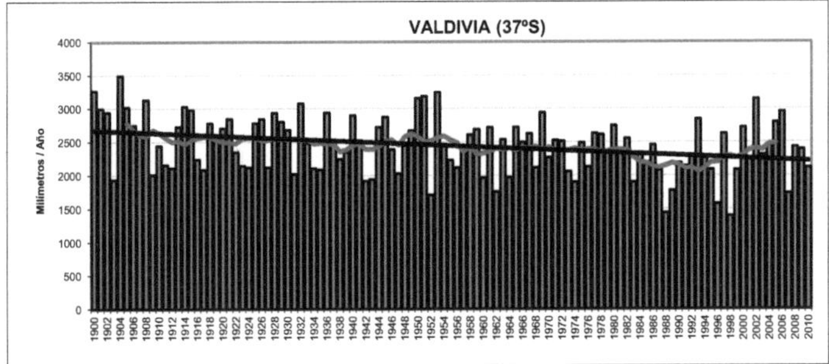

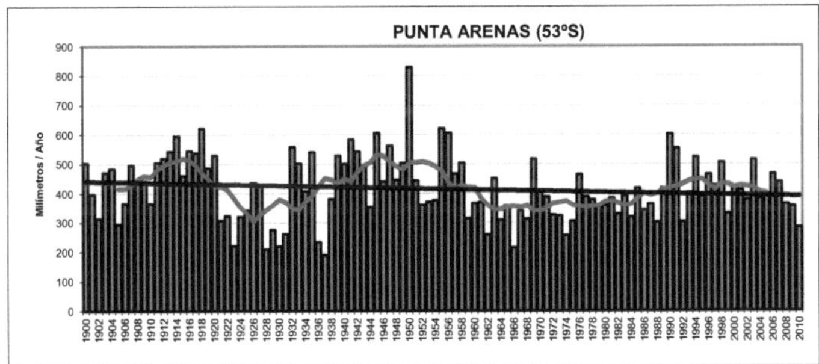

Figura 3.4. Continuación.

3.3 Proyecciones de los cambios en la temperatura y la precipitación en Chile para mediados y fines del siglo 21.

Para analizar los posibles escenarios climáticos en el futuro, es necesario hacer uso de modelos numéricos que son capaces de simular y por lo tanto predecir el comportamiento más probable del clima en el futuro. El IPCC hace uso de un gran número de modelos que son desarrollados y corridos por grandes centros de investigación del clima. Bajo la coordinación del Programa Mundial de Investigación del Clima de la Organización Meteorológica Mundial (OMM), se estableció el Proyecto de Intercomparación de Modelos Acoplados (CMIP, por sus siglas en inglés, Coupled Model Intercomparison Project). El CMIP provee una infraestructura en apoyo a la diagnosis de modelos climáticos, la validación, la intercomparación, la documentación y el acceso a los datos, que permite a la comunidad científica analizar los diversos modelos climáticos globales. El CMIP en su fase 5 (CMIP5) generó las simulaciones del clima futuro para diferentes escenarios y para mediados y fines del siglo 21, las cuales fueron usadas en el Quinto Informe de IPCC. Anteriormente en el Cuarto Informe del IPCC las simulaciones fueron realizadas por la tercera fase (CMIP3).

Ahora bien, para las simulaciones del clima en el futuro, se deben realizar algunos supuestos de desarrollo mundial y regional en el ámbito socioeconómico, tecnológico y comportamiento poblacional (denominados SRES, por sus siglas en inglés, Special Reports on Emission Scenarios). Así, por ejemplo el escenario A2 está relacionado con un mundo heterogéneo en donde prevalece la autosuficiencia y preservación de las comunidades locales (o nacionales), un aumento de la población, un desarrollo económico orientado a lo regional con crecimiento económico y cambio tecnológico fragmentado y lento. A este escenario se le considera como el peor. Por otra parte, el escenario B1, describe un mundo de soluciones globales de sustentabilidad económica, social y ambiental. El crecimiento de la población es menor a la línea evolutiva de A2, en donde hay niveles altos de desarrollo económico y de cambio tecnológico. A este escenario se le ha considerado como el más deseable. No obstante que estos escenarios fueron ampliamente usados por el IPCC y la comunidad, para la elaboración del Quinto Informe los escenarios fueron modificados en base al forzamiento radiativo que pueden generar los diversos escenarios de desarrollo. Se han definido 4 nuevos escenarios de emisión denominadas Trayectorias de Concentración Representativas (RCP, por sus siglas en inglés). Se caracterizan por su Forzamiento Radiativo (FR) total para el año 2100 que oscila entre 2.6 y 8.5 W/m^2. Las cuatro trayectorias RCP comprenden un escenario en el que los esfuerzos en mitigación conducen a un nivel de forzamiento muy bajo (RCP2.6), 2 escenarios de estabilización (RCP4.5 y RCP6.0) y un escenario con un nivel muy alto de emisiones de GEI (RCP8.5). Los nuevos RCP pueden contemplar los efectos de las políticas orientadas a limitar el cambio climático del siglo 20 frente a los escenarios de emisión utilizados en el Cuarto Informe del IPCC, que no contemplaban los efectos de las posibles políticas o acuerdos internacionales tendentes a mitigar las emisiones. A priori, se puede decir que el antiguo escenario B1 puede ser comparado con el nuevo escenario RCP2.5, mientras que el A2 con el RCP8.5.

Para el desarrollo de este capítulo, se analizaran proyecciones disponibles en el sitio web http://www.climatewizard.org. Para tal efecto se generaron los mapas de promedios ensamblados de los cambios de la temperatura del aire y de la precipitación simulados por diversos modelos del CMIP3 (Tabla 3.1).

Tabla 3.1. Modelos de Circulación General (GCM):

Modelo	País	Centro de Investigación
BCCR-BCM2.0	Norway	Bjerknes Centre for Climate Research
CGCM3.1(T47)	Canada	Canadian Centre for Climate Modelling & Analysis
CNRM-CM3	France	Météo-France / Centre National de Recherches Météorologiques
CSIRO-Mk3.0	Australia	CSIRO Atmospheric Research
GFDL-CM2.0	USA	US Dept. of Commerce / NOAA / Geophysical Fluid Dynamics Laboratory
GFDL-CM2.1	USA	US Dept. of Commerce / NOAA / Geophysical Fluid Dynamics Laboratory
GISS-ER	USA	NASA / Goddard Institute for Space Studies
INM-CM3.0	Russia	Institute for Numerical Mathematics
IPSL-CM4	France	Institut Pierre Simon Laplace
MIROC3.2(medres)	Japan	Center for Climate System Research (The University of Tokyo), National Institute for Environmental Studies, and Frontier Research Center for Global Change (JAMSTEC)
ECHO-G	Germany / Korea	Meteorological Institute of the University of Bonn, Meteorological Research Institute of KMA, and Model and Data group.
ECHAM5/MPI-OM	Germany	Max Planck Institute for Meteorology
MRI-CGCM2.3.2	Japan	Meteorological Research Institute
CCSM3	USA	National Center for Atmospheric Research
PCM	USA	National Center for Atmospheric Research
UKMO-HadCM3	UK	Hadley Centre for Climate Prediction and Research / Met Office

Los escenarios utilizados fueron B1 y A2. Se realizaron diferencias anuales de las medias de temperatura y acumulación de precipitación entre las simulaciones para medidos y fines del siglo 21 del escenario B1 y la línea base climática, que representa el clima actual (promedio del periodo 1961-1990). Lo mismo se realizó para el escenario A2. Los resultados de esto se reproducen en las Figuras 3.5 y 3.6. Luego se construyeron los mapas para las estaciones de verano (Diciembre, Enero

26

y Febrero) y de invierno (Junio, Julio y Agosto). Los resultados para B1 y A2 se muestran en la Figura 3.7 y 3.8, respectivamente.

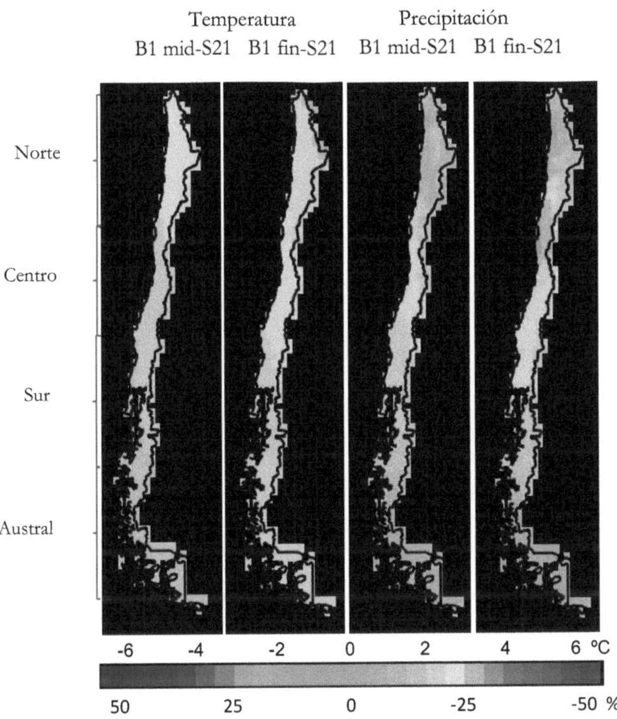

Figura 3.5. Mapa de Chile que muestra los cambios de la temperatura media anual del aire y la precipitación anual acumulada para el escenario B1 con respecto a la climatología 1961-1990. B1 mid-S21 significa cambios esperados para mediados del siglo 21 y B1 fin-S21 significa cambios esperados para fines del siglo 21. Construido con datos de http://www.climatewizard.org.

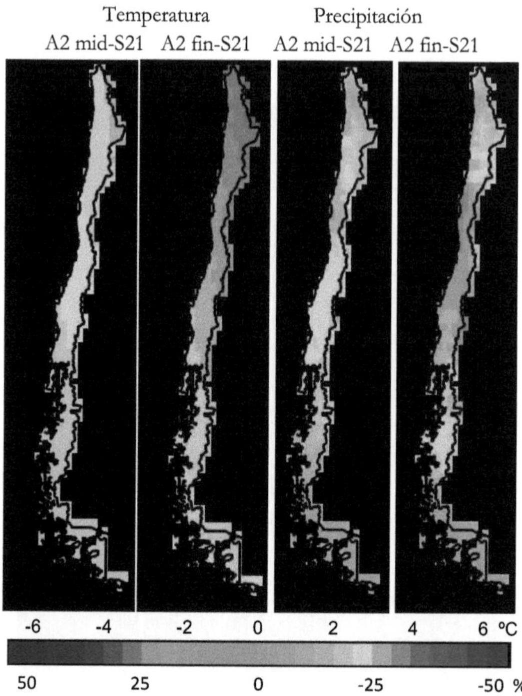

Figura 3.6. Mapa de Chile que muestra los cambios de la temperatura media anual del aire y la precipitación anual acumulada para el escenario A2 con respecto a la climatología 1961-1990. A2 mid-S21 significa cambios esperados para mediados del siglo 21 y A2 fin-S21 significa cambios esperados para fines del siglo 21. Construido con datos de http://www.climatewizard.org.

Ambos escenarios futuros revelan un aumento generalizado de la temperatura del aire para Chile continental, el cual va siendo mayor hacia fines del siglo 21 y mayor para el escenario A2. La región norte y altiplánica es en donde mayor es el calentamiento el que puede llegar a 5 °C en el escenario A2. Asimismo, es la parte más continental y sobretodo cordillerano en donde el calentamiento es mayor. Por otra parte, la precipitación muestra una disminución en la región centro y sur del país alcanzando entre un 30 a 45% para fines del siglo 21 en el escenario A2. Un aumento de alrededor de un 20% se pronostica en la región más austral de Chile, que incluye la zona en donde se ubica los campos de hielo sur. En la zona norte también se esperaría un aumento de la precipitación, aunque esto puede ser cierto para el sector altiplánico y no así en el valle y el litoral en donde la precipitación es muy escasa.

Claramente un desarrollo global bajo los lineamientos del escenario B1, los cambios en la temperatura y la precipitación son menores en gran parte del país en comparación a las simulaciones utilizando el escenario A2.

El análisis estacional (Figura 3.7) permite indicar que en verano las diferencias de temperatura son mayores que en invierno, es decir, el calentamiento es mayor en los meses de verano. Esto es válido para ambos escenarios y para mediados y fines del siglo 21. En cuanto a la precipitación, es necesario indicar que en Chile central la precipitación ocurre mayoritariamente durante el invierno pr tal motivo sólo se analiza esta estación. Para el escenario B1 la disminución para mediados del siglo es de alrededor de 5 a 10% y para fines del siglo entre 10 y 25% (Figura 3.7), siendo mayor en la parte norte de la región central. Para el escenario A2, las disminuciones son aún mayores alcanzando caídas de 30 a 50% hacia fines de siglo (Figura 3.8). En la región sur del país, si bien llueve todo el año, es en los meses de invierno donde ocurre el máximo de acumulación, pero en este caso sí es necesario analizar ambas estaciones. En el escenario B1 se pronostica una disminución en ambas estaciones siendo mayor en verano en comparación al invierno. Lo mismo ocurre en los escenarios A2, pero las disminuciones son aún mayores, alcanzando el 50% para fines del siglo 21. En la región austral, la pluviometría es distribuida casi homogéneamente todo el año con un leve máximo durante el invierno (Figura 2.1). Las predicciones para mediados y fines del siglo 21 indican un aumento de las precipitaciones para ambos escenarios. En la región norte, la precipitación es estival asociada con la actividad monzónica al lado este de la cordillera, sector sur de la Amazonia. Allí la actividad convectiva tiene lugar en los meses de verano, por lo tanto, teóricamente un aumento de la precipitación debería ocurrir durante este periodo. Sin embargo, los modelos sugieren que el aumento de la precipitación más bien ocurre durante el invierno.

Las Figuras 3.9 y 3.10 reproducen parcialmente las predicciones climáticas para fines del siglo 21 (2081-2100) de la temperatura superficial del aire y de la precipitación obtenidos del Quinto Informe de IPCC, Anexo I: Atlas de Proyecciones Suplementarias Regionales del Clima (IPCC, 2013a; 2013b), para los escenarios RCP2.6 y RCP8.5. Estas simulaciones se realizaron con los modelos que forman parte del CMIP5. Específicamente las Figuras 3.9 y 3.10 corresponden a la mediana del conjunto ensamblado de las simulaciones de los modelos del CMIP5. En general, los resultados de los cambios esperados de la temperatura y la precipitación son similares a los descritos anteriormente, pero para escenarios de B1 y A2. Estos nuevos escenarios sí muestran un aumento de la precipitación en verano en la región norte, aunque también ocurre en invierno.

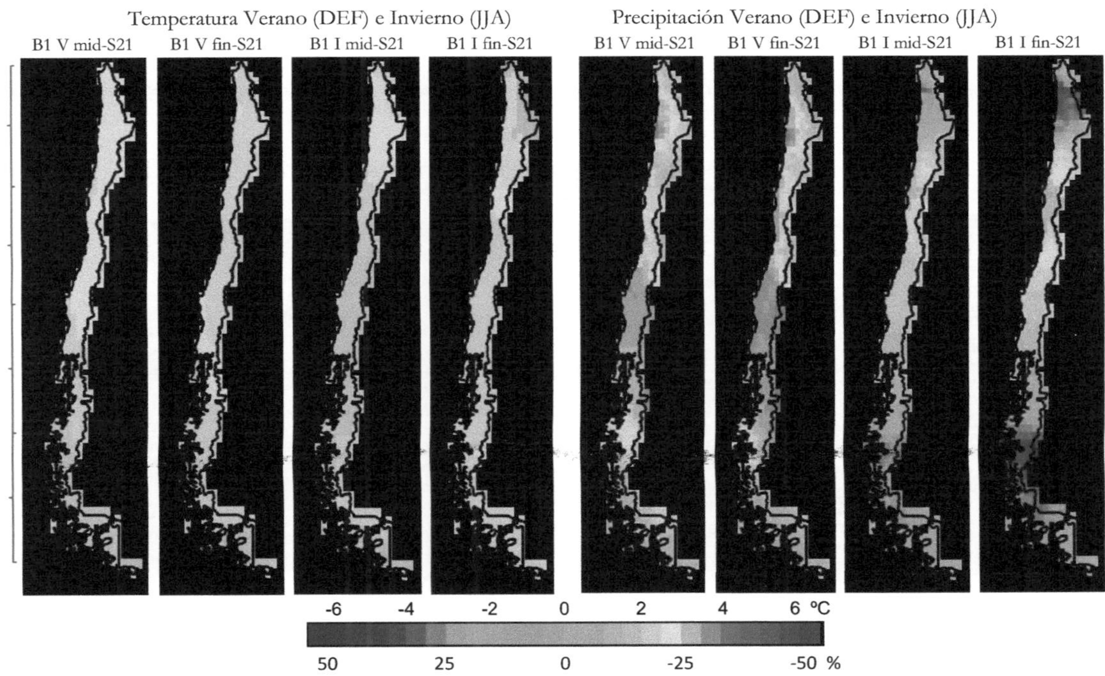

Figura 3.7. Mapa de Chile que muestra los cambios de la temperatura media estacional del aire y la precipitación estacional acumulada de verano (V) e Invierno (I) para mediados y fines del siglo 21 de acuerdo al escenario B1. Cambios con respecto a la climatología 1961-1990. Construido con datos de http://www.climatewizard.org/

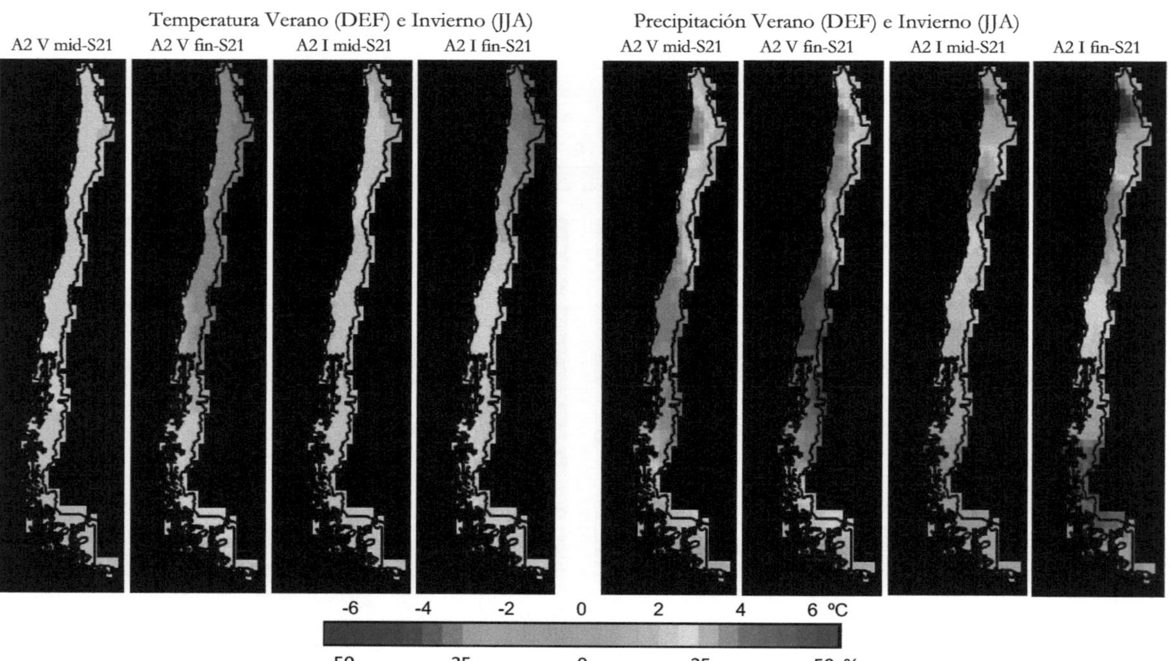

Figura 3.8. Mapa de Chile que muestra los cambios de la temperatura media estacional del aire y la precipitación estacional acumulada de verano (V) e Invierno (I) para mediados y fines del siglo 21 de acuerdo al escenario A2. Cambios con respecto a la climatología 1961-1990. Construido con datos de http://www.climatewizard.org/

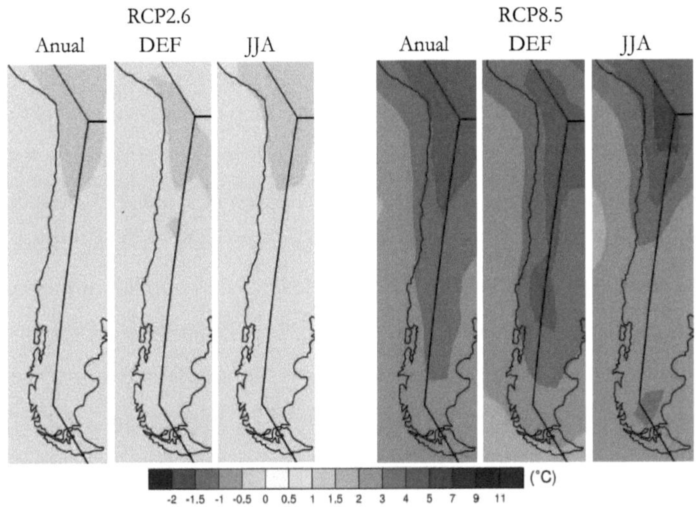

Figura 3.9. Reproducción parcial de las predicciones del cambio de temperatura del aire esperable para fines del siglo 21 (2081-2100) para los escenarios RCP2.6 y RCp8.5. (IPCC, 2013a; 2013b).

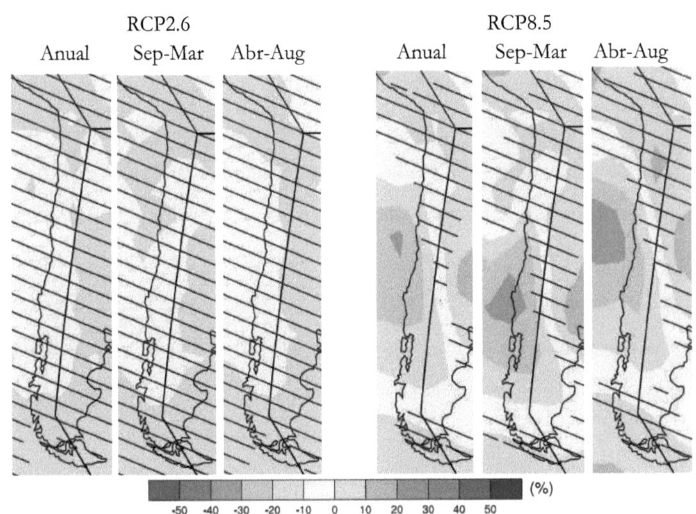

Figura3.10. Reproducción parcial de las predicciones del cambio de la precipitación esperable para fines del siglo 21 (2081-2100) para los escenarios RCP2.6 y RCp8.5. (IPCC, 2013a; 2013b).

3.4 Evaluación de los impactos actuales y futuro de los cambios de temperatura y precipitación.

Las proyecciones de los modelos de cambio climático que utilizaron en el Cuarto y Quinto Informe del IPCC para diferentes escenarios para el final del siglo 21 muestran un calentamiento generalizado de al menos + 2 a + 4 °C, respecto al estado actual (período 1961-1990) del clima para todo el país, siendo los incrementos más altos en el norte de Chile y a lo largo de los Andes norte y central en donde el calentamiento puede alcanzar los 5 °C en el interior de la región norte (Figura 3.9). En cuanto a precipitación, todas las simulaciones predicen una disminución en las regiones central y sur de Chile, mientras que se prevé un aumento en la región más austral del país durante la temporada de invierno. Los cambios climáticos observados y proyectados tienen no sólo consecuencias en el entorno natural sino también en todos los sectores sociales.

Los cambios ambientales mencionados (temperatura y precipitación) y sus proyecciones implican un fuerte impacto en los recursos hídricos. Chile depende altamente de la generación de la hidroelectricidad para el suministro de energía, agua para operaciones industriales, para regadío de sectores de bosque y la agricultura y consumo humano. El país cuenta con zonas áridas y semiáridas que pueden aumentar en un clima más cálido y más seco, así como, áreas susceptibles para la deforestación, la erosión y la desertificación. También, el territorio continental de Chile tiene una larga costa frente al océano Pacífico con muchas zonas bajas que puede ser afectado por la subida del nivel del mar. Además, los cambios en el océano afectarán la biodiversidad marina, las industrias de pesca y acuicultura. Por ejemplo, la Figuras 3.11 revela el cambio del potencial de pesca que podría afectar a Chile para mediados del siglo 21 con una disminución del 6 al 20% sobre todo en el sector norte del país, donde se ubica la mayor parte de la producción pesquera del país.

Figura 3.11. Riesgo del cambio climático para la pesquería. Redistribución del potencial del máximo de pesca de ~1000 especies de peces e invertebrados. Proyecciones para 2051-2061 en comparación al promedio 2001-2010 usando el escenario A1B (equilibrio entre todas las fuentes de energía, suponiendo que se apliquen ritmos similares de mejoras en todas las formas de aprovisionamiento energético y en las tecnologías de uso final) (IPCC, 2014)

Por otro lado, las consecuencias relacionadas con el clima implican cambios y modificaciones en cómo administrar los espacios geográficos y de recursos naturales en el desarrollo urbano y no urbano, gestión de las zonas costeras, de los recursos hídricos y posibles impactos de eventos climáticos extremos. Por lo tanto, el país es altamente vulnerable al cambio climático.

Consecuencias importantes de las predicciones anteriores afectarán el sector agrícola. Un clima más cálido modificará el régimen y tipo de precipitación y la cantidad de almacenamiento de la nieve del invierno en las montañas de los Andes, afectando el periodo de aumento y de máxima ocurrencia de caudales (o correntia) de los ríos por derretimiento de nieve. La Figura 3.12 muestra el porcentaje de cambio de las correntías medias para un escenario en donde la temperatura global es 2,7 °C mayor a la temperatura en la era pre-industrial (Jiménez Cisnero *et al.*,

2014). Se observa que en la región central y sur de Chile habrá una disminución de las correntías. Este escenario se puede dar incluso antes de fines del siglo 21 si el peor escenario (A2 o RCP8.5) prevalece.

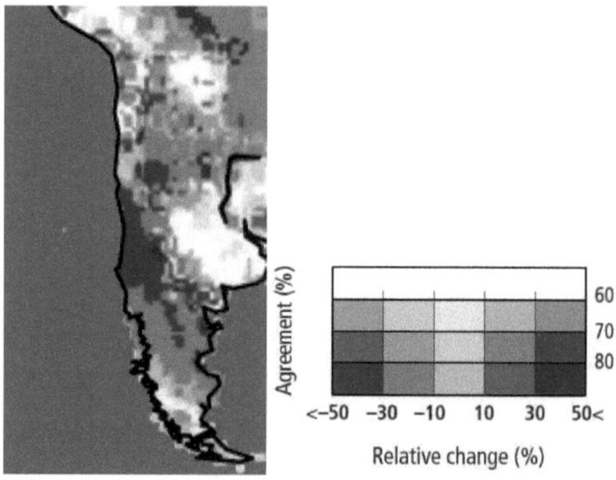

Figura 3.12. Porcentaje de cambio de las correntias medias anuales para un escenario donde la temperatura global es 2,7 °C mayor a la era pre-industrial. Los colores muestran los cambios medios de 5 Modelos Generales de Circulación (GCMs) y 11 Modelos Hidrológicos Generales (GHMs), y la intensidad del color muestra el grado de acuerdo del signo del cambio para todos los modelos (55) combinados GHM-GCM (Jiménez Cisneros et al, 2014).

El cambio hidrológico también modificará la flora y fauna terrestre y la distribución de plagas. Por ejemplo, el aumento de temperatura mínima afectará a casi todo tipo de plantaciones de frutales en un clima templado-mediterráneo como el que predomina en gran parte del Chile agrícola. Sin embargo en este caso, la falta de horas-frío puede ser compensada con sustancias químicas, minimizando los impactos por falta de horas-frío. Sin embargo, sí se verán afectados algunos sistemas agrícolas más vulnerables como son las praderas de secano en Chile central y las especies forestales exóticas como el pino y el eucalipto. Además, en un ambiente más cálido y con la disminución de la disponibilidad de agua, se impondrá un hidro-estrés en plantas con consecuencias para su crecimiento y supervivencia. Por lo tanto, se verá afectada la silvicultura y sectores importantes de la agricultura para el desarrollo del país, los cuales son necesario de evaluar bajo los nuevos escenarios futuros para determinar modos para la adaptación.

Usando las salidas de un modelo regional llamado PRECIS (CONAMA, 2006; Fuenzalida *et al.,* 2007) para escenarios A2 y B2 junto con un modelo que simula la productividad de las plantas, el Centro de Agricultura y Medio Ambiente[6] de la Universidad de Chile, encontró que en los escenarios futuros ocurrirá un desplazamiento generalizado de la distribución actual de los ecosistemas hacia el sur y laderas arriba en respuesta al cambio climático. Entre otros hallazgos, el estudio indica que varios cultivos cambiarán el tiempo de siembra compensando en parte los cambios ambientales adversos (adaptación). En Chile central, el trigo de regadío acelerará su ciclo de vida en respuesta a un ambiente más cálido y se verán también afectado por el incremento de sequías; sin embargo, la producción de trigo puede aumentar en el sur de Chile y en las laderas de los cerros. La producción de maíz puede aumentar significativamente en los escenarios de clima más cálidos, mientras que las papas reducirán su producción en el centro y sur del país, aunque aumentos se pueden esperar en la costa y cerca de las zonas de montaña. En general, los impactos del cambio climático en el bosque y la agricultura varían según la especie y la región y que pueden ser negativas o positivas. Respuesta adversa a los nuevos escenarios del clima están relacionadas principalmente con la disminución de la disponibilidad de agua, que requerirá de una mejora en la gestión y mayor infraestructura para compensar la falta de agua y los cambios de la escorrentía.

---

[6] AGRIMED, 2008. Capítulo 1: Impactos producidos en el sector silvoagropecuario de Chile frente a escenarios de Cambio Climático, 180 págs. Informe Final. Centro de Agricultura y Medio Ambiente, Universidad de Chile.

4.   CONCLUSIONES

A nivel nacional, las proyecciones de los escenarios B1, A2 o RCP2.6 y RCP8.5, indican para fines del siglo 21 un aumento de la temperatura del aire superficial a lo largo del país de entre 2° y 5 °C, siendo mayor en el norte grande y norte chico, especialmente en zonas cordilleranas, y siendo los meses de verano los que presentarían los mayores cambios (veranos más calorosos). En cuanto al régimen pluviométrico, se espera un aumento en las precipitaciones estivales de la zona altiplánica relacionada con la circulación monzónica del continente Sudamericano; una disminución que puede alcanzar de 20% hasta un 50% respecto a los valores climáticos actuales, en la zona central y sur principalmente en los meses de verano; y un aumento de alrededor de un 20% en la región del extremo austral del país. Estos cambios están relacionados con el desplazamiento hacia el sur de la circulación de los oeste y por ende de las trayectorias de los sistemas frontales. La consecuencia del aumento de la temperatura y disminución de la precipitación producirá una reducción de las masas de hielo y nieve de los glaciares cordilleranos con una alteración en los recursos hídricos del país, un desplazamiento hacia el sur de las características agrícolas-forestales con cambios del tipo de cultivos, posible aparición de enfermedades propias de climas tropicales, alteración de los recursos pesqueros, entre otros cambios específicos propios de la diversidad de ecosistemas que presenta el territorio nacional.

Los recursos hídricos para la agricultura y la generación de energía hidroeléctrica son vitales para el desarrollo de Chile. Las proyecciones del IPCC y otros modelos regionales indican para el futuro menos precipitación y acumulación de nieve, así como un aumento de la temperatura en valles interiores y en los Andes para mediados y fines del siglo 21. Esto trae consigo una mayor volatilidad hidrológica que se acentúa con los mecanismos naturales de variabilidad climática como las asociadas con la ocurrencia de El Niño - La Niña. Se espera que un cambio en el ciclo hidrológico, lo que en algunos casos hará que el máximo de escorrentía se desplace de mes o en algunas regiones sea uniformemente distribuida. Para superar estos escenarios será necesaria la construcción de represas y establecer una nueva gestión de los recursos hídricos en un clima más cálido y seco.

La energía juega un papel esencial en las actividades socio-económicas en todos los países. Chile, como país en desarrollo persigue mejorar el bienestar de su población y el papel de la energía se convierte en vital para el desarrollo económico sostenible. Desde el punto de vista global Chile sólo contribuyen alrededor 0.25% de las emisiones de gases de efecto invernadero, sin embargo, es necesario reconocer que para continuar su desarrollo, el país necesitará aumentar la producción de energía y aunque el aumento de sus emisiones sigan siendo marginales a otros países, Chile no debe estar ajeno a su compromiso de reducción de emisiones y apostar por el desarrollo de energías limpias. En ese sentido, se hace necesario articular una política pública para el desarrollo a largo plazo con directrices para un desarrollo energético basado en la suficiencia, eficiencia, equidad, seguridad y sostenibilidad del desarrollo energético y por ende de desarrollo económico sostenible; así como para responder los requerimientos que impone el cambio climático y políticas de acuerdos nacionales e internacionales para la protección del medio ambiente.

Por otra parte, se requiere evaluar la nueva distribución y abundancia de las especies marinas y los impactos en la pesca industrial y costera en escenarios climáticos futuros. Lo que hace es necesario saber cuál será el impacto y las medidas de adaptación en las zonas costeras. En el sector salud, se necesitan evaluaciones en nueva infraestructura y personal necesario por posible aumento de enfermedades como consecuencia del cambio climático. También, la identificación de zonas vulnerables y las poblaciones expuestas, así como, para hacer cumplir el sistema de monitoreo de variables ambientales que pueden dar información sobre el efecto del cambio climático en la salud de la población.

De acuerdo con el Instituto de Recursos de Investigación para el Desarrollo Sostenible (RIDES, 2007)[7], las principales fortalezas que Chile tiene para la elaboración de las políticas de adaptación son: i) la localización geográfica con características del clima diferenciadas latitudinalmente a lo largo del país, así como, una variación altitudinal de oeste a este con un valle central extendido de norte a sur, la cordillera de la Costa y de los Andes. Esta situación ofrece una amplia gama de posibilidades de adaptación; ii) factores económicos relacionados con los acuerdos internacionales para la importación y exportación de bienes y un ambiente económico y político relativamente estable; y iii) un desarrollo de capacidades básicas y buena relación pública-privada que puede facilitar futuras iniciativas de adaptación.

En resumen. Chile no está ajeno al cambio global del clima, aunque estos pueden ser amortizados por la influencia del Océano Pacífico. Estudios dan cuenta de un incremento en las temperaturas durante los últimos cincuenta años, especialmente en las zonas interiores del norte y centro del país (Falvey y Garreaud, 2009), un avance del desierto hacia el sur del orden de 400 metros por año, junto con un aumento de los eventos extremos de temperatura y precipitación en las zonas centro y sur del país (Villarroel, 2013).

---

[7] RIDES, 2007. Integrando la adaptación al cambio climático en las políticas de desarrollo: ¿cómo estamos en Chile? RIDES, www.rides.cl

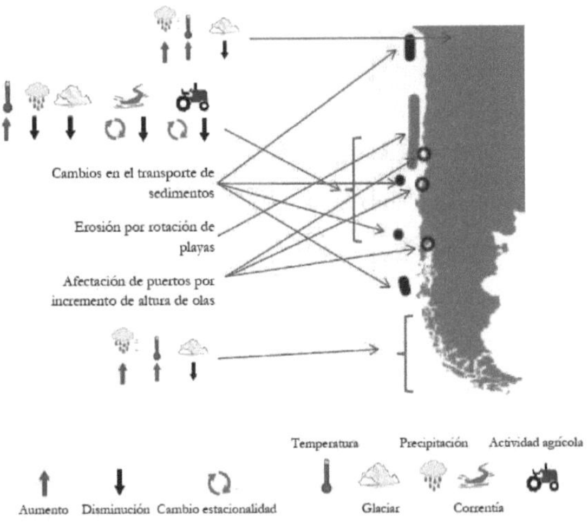

Figura 4.1. Representación esquemática de los posibles cambios para mediados y fines del siglo 21 en Chile (adoptado de Migrin et al., 2014).

En cuanto al futuro, las proyecciones a nivel mundial basado bajo ciertos supuestos de desarrollo económico, demográfico, tecnológico, políticas ambientales y equidad social, dada a conocer por el informe del IPCC, indican que los impactos globales y a nivel nacional del cambio climático continuarán y se harán aún más evidentes hacia fines del siglo 21, con un aumento en la temperatura que podría alcanzar 5 °C, un incremento en el nivel medio del mar de 20 a 80 cm, una mayor frecuencia de sequías y eventos extremos de precipitación, una disminución de al menos un 20 a 30% de las precipitaciones en las regiones subtropicales y un aumento de éstas en la región austral, entre otras consecuencias. La Figura 4.1 resume esquemáticamente los posibles impactos que Chile enfrentará para mediados y fines del siglo 21 (adaptado de Magrin *et al.*, 2014).

De lo anterior, debemos entender hoy en día, que el cambio climático es un problema de responsabilidad de los gobiernos y de la sociedad civil, que involucra la implementación de políticas públicas e innovación, de información e incentivos y para energía limpia y una economía baja en carbono (Carrasco, 2014); que llama a todos los actores desde el nivel local hasta la esfera internacional a ser activos en enfrentar el cambio climático. La atmósfera no tiene fronteras ni tampoco los cambios que en ella ocurren ni sus consecuencias en el sistema climático. La emisión antropogénica de los gases efecto invernadero debe reducirse y para ello se requiere de formulación de políticas que apunten en esa dirección. El gran desafío que plantea el cambio climático es: cómo garantizar a la población un crecimiento económico con eficiencia y estabilidad sin destruir, degradar ni cambiar el medio ambiente para tener una sociedad mundial equitativa y en desarrollo sostenible y armónico con el sistema climático.

Agradecimientos: *a los Proyectos Fondecyt N° 1161130 "Glacier mass balance and water yield of a glacierized basin in central Chile", Fondecyt-Anillo ACT-1410 "Black carbon in the Andes Cryosphere".*

Referencias

ACEITUNO, P. (1988): "On the functioning of the southern oscillation in the South American sector. Part I: surface climate", *Monthly Weather Review* 116, pp. 505–524.

AGRIMED, (2008): Capítulo 1: "Impactos producidos en el sector silvoagropecuario de Chile frente a escenarios de Cambio Climático", 180 págs. En: Informe Final. Centro de Agricultura y Medio Ambiente, Universidad de Chile.

BARRET, B.S. *et al.* (2012): "Madden-Julian Oscillation (MJO) modulation of atmospheric circulation and Chilean precipitation". *Journal of Climate*, 25, pp. 1678-1688.

BOISIER *et al.,* (2015): "Anthropogenic and natural contributions to the Southeast Pacific precipitation decline and recent megadrought in central Chile", Geophysical Research Letters, 43, doi:10.1002/2015GL067265.

CARRASCO, J.F. (2006): "Precipitation events in Central Chile and its relation with MJO". En Proceeding of 8 ICSHMO, Foz do Iguazu, Brazil, April 24-28, INPE, American Meteological Society, pp. 1719-1722.

CARRASCO, J.F. *et al.* (2008): "Secular trend of the equilibrium-line altitude on the western side of the southern Andes, derived from radiosonde and surface observations", *Journal of Glaciology*, 54, pp. 538-550.

CARRASCO, J.F. (2014): "Changing to a Low-carbon Economy: a brief overview". *Low Carbon Economy*, 5(1), pp. 1-5.

CONAMA, (2006): Estudio de la Variabilidad Climática en Chile para el siglo XXI. Depto. Geofísica, Universidad de Chile.

FALVEY, M. y GARREAUD, R. (2009): "Regional cooling in a warming world: Recent temperature trends in the southeast Pacific and along the west coast of subtropical South America (1979–2006)", *Journal Geophysical Research*, 114. doi:10.1029/2008JD010519.

FUENZALIDA *et al.* (2006): Estudio de la Variabilidad Climática en Chile para el siglo XXI. Informe final diciembre 2006. Realizado por el Departamento de Geofísica de la Universidad de Chile

GIESE *et al.* (2002). "Southern Hemisphere origins of the 1976 climate shift", *Geophysical Research Letters,* 29(2), 1014. (10.1029/2001GL013268.).

HARTMANN et al. (2013): Observations: Atmosphere and Surface. In: Climate Change 2013: The Physical Science Basis. Contribution of Working Group I to the Fifth Assessment Report of the Intergovernmental Panel on Climate Change [Stocker, T.F., D. Qin, G.-K. Plattner, M. Tignor, S.K. Allen, J. Boschung, A. Nauels, Y. Xia, V. Bex and P.M. Midgley (eds.)]. Cambridge University Press, Cambridge, United Kingdom and New York, NY, USA.

IPCC, (2001): Cambio Climático 2001: Informe de Síntesis. Resumen para responsables de políticas.

IPCC, (2007): Cambio climático 2007: Informe de síntesis. Contribución de los Grupos de trabajo I, II y III al Cuarto Informe de evaluación del Grupo Intergubernamental de Expertos sobre el Cambio Climático [Equipo de redacción principal: Pachauri, R.K. y Reisinger, A. (directores de la publicación)]. IPCC, Ginebra, Suiza, 104 págs.

IPCC, (2013a): "Resumen para responsables de políticas. En: Cambio Climático 2013: Bases físicas. Contribución del Grupo de trabajo I al Quinto Informe de Evaluación del Grupo Intergubernamental de Expertos sobre el Cambio Climático" [Stocker, T. F., D. Qin, G.-K. Plattner, M. Tignor, S. K. Allen, J. Boschung, A. Nauels, Y. Xia, V. Bex y P.M. Midgley (eds.)]. Cambridge University Press, Cambridge, Reino Unido y Nueva York, NY, Estados Unidos de América.

IPCC, (2013b): Annex I: Atlas of Global and Regional Climate Projections Supplementary Material RCP2.6 [van Oldenborgh, G.J., M. Collins, J. Arblaster, J.H. Christensen, J. Marotzke, S.B. Power, M. Rummukainen and

T. Zhou (eds.)]. In: Climate Change 2013: The Physical Science Basis. Contribution of Working Group I to the Fifth Assessment Report of the Intergovernmental Panel on Climate Change [Stocker, T.F., D. Qin, G.-K. Plattner, M. Tignor, S.K. Allen, J. Boschung, A. Nauels, Y. Xia, V. Bex and P.M. Midgley (eds.)]. Available from www.climatechange2013.org and www.ipcc.ch.

IPCC, (2013c): Annex I: Atlas of Global and Regional Climate Projections Supplementary Material RCP8.5 [van Oldenborgh, G.J., M. Collins, J. Arblaster, J.H. Christensen, J. Marotzke, S.B. Power, M. Rummukainen and T. Zhou (eds.)]. In: Climate Change 2013: The Physical Science Basis. Contribution of Working Group I to the Fifth Assessment Report of the Intergovernmental Panel on Climate Change [Stocker, T.F., D. Qin, G.-K. Plattner, M. Tignor, S.K. Allen, J. Boschung, A. Nauels, Y. Xia, V. Bex and P.M. Midgley (eds.)]. Available from www.climatechange2013.org and www.ipcc.ch.

IPCC, (2014): Summary for policymakers. In: *Climate Change 2014: Impacts, Adaptation, and Vulnerability. Part A: Global and Sectoral Aspects. Contribution of Working Group II to the Fifth Assessment Report of the Intergovernmental Panel on Climate Change* [Field, C.B., V.R. Barros, D.J. Dokken, K.J. Mach, M.D. Mastrandrea, T.E. Bilir, M. Chatterjee, K.L. Ebi, Y.O. Estrada, R.C. Genova, B. Girma, E.S. Kissel, A.N. Levy, S. MacCracken, P.R. Mastrandrea, and L.L. White (eds.)]. Cambridge University Press, Cambridge, United Kingdom and New York, NY, USA, pp. 1-32.

JIMENEZ CISNEROS *et al.* (2014): Freshwater resources. In: Climate Change 2014: Impacts, Adaptation, and Vulnerability. Part A: Global and Sectoral Aspects. Contribution of Working Group II to the Fifth Assessment Report of the Intergovernmental Panel on Climate Change [Field, C.B., V.R. Barros, D.J. Dokken, K.J. Mach, M.D. Mastrandrea, T.E. Bilir, M. Chatterjee, K.L. Ebi, Y.O. Estrada, R.C. Genova, B. Girma, E.S. Kissel, A.N. Levy, S. MacCracken, P.R. Mastrandrea, and L.L. White (eds.)]. Cambridge University Press, Cambridge, United Kingdom and New York, NY, USA, pp. 229-269.

MAGRIN *et al.*, (2014): Central and South America. In: Climate Change 2014: Impacts, Adaptation, and Vulnerability. Part B: Regional Aspects. Contribution of Working Group II to the Fifth Assessment Report of the Intergovernmental Panelon Climate Change [Barros, V.R., C.B. Field, D.J. Dokken, M.D. Mastrandrea, K.J. Mach, T.E. Bilir, M. Chatterjee,K.L. Ebi, Y.O. Estrada, R.C. Genova, B. Girma, E.S. Kissel, A.N. Levy, S. MacCracken, P.R. Mastrandrea, and L.L. White(eds.)]. Cambridge University Press, Cambridge, United Kingdom and New York, NY, USA, pp. 1499-1566.

MONTECINOS, A. y ACEITUNO P. (2003): "Seasonality of the ENSO-related rainfall variability in central Chile and associated circulation anomalies", *Journal of Climatology*, 16(2), pp. 281–296, doi:10.1175/1520-0442(2003)0162.0.CO;2

THOMPSON, D. W. J. y SOLOMON, S. (2002): "Interpretation of recent Southern Hemisphere climate change", *Science*, 296, pp. 895–899, doi:10.1126/science.1069270.

QUINTANA, J. y ACEITUNO, J (2012): "Changes in the rainfall regime along the extratropical west coast of South America (Chile): 30–43°S". *Atmósfera*, 25 (1), pp. 1–22.

ROSENBLUTH *et al.* (1997): "Recent temperatures variations in southern South America". *International Journal of Climatology*, 17, pp. 67-85.

SOLOMON, S. *et al.* (2007): Technical Summary. In: Climate Change 2007: The Physical Science Basis. Contribution of Working Group I to the Fourth Assessment Report of the Intergovernmental Panel on Climate Change [Solomon, S., D. Qin, M. Manning, Z. Chen, M. Marquis, K.B. Averyt, M. Tignor and H.L. Miller (eds.)]. Cambridge University Press, Cambridge, United Kingdom and New York, NY, USA.

STEVENSON, D. S., *et al.*, 2013: Tropospheric ozone changes, radiative forcing and attribution to emissions in the Atmospheric Chemistry and Climate Model Intercomparison Project (ACCMIP). Atmospheric Chemistry and Physics, 13, pp. 3063–3085.

TRENBERTH *et al.* (2007): Observations: Surface and Atmospheric Climate Change. In: Climate Change 2007: The Physical Science Basis. Contribution of Working Group I to the Fourth Assessment Report of the Intergovernmental Panel on Climate Change [Solomon, S.,D. Qin, M. Manning, Z. Chen, M. Marquis, K.B. Averyt, M. Tignor and H.L. Miller (eds.)]. Cambridge University Press, Cambridge, UnitedKingdom and New York, NY, USA.

VILLARROEL, C. (2013): *Eventos extremos de precipitación y temperatura en Chile: Proyecciones para fines del Siglo XXI*. Tesis de Máster. Universidad de Chile.

Indice

Buy your books fast and straightforward online - at one of the world's fastest growing online book stores! Environmentally sound due to Print-on-Demand technologies.

Buy your books online at

www.get-morebooks.com

¡Compre sus libros rápido y directo en internet, en una de las librerías en línea con mayor crecimiento en el mundo! Producción que protege el medio ambiente a través de las tecnologías de impresión bajo demanda.

Compre sus libros online en

www.morebooks.es

SIA OmniScriptum Publishing
Brivibas gatve 1 97
LV-103 9 Riga, Latvia
Telefax: +371 68620455

info@omniscriptum.com
www.omniscriptum.com

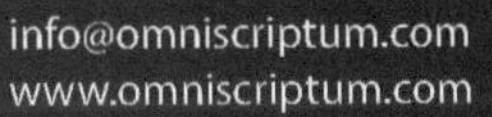

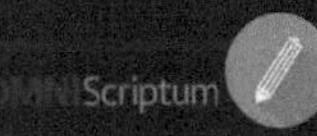

Printed by Books on Demand GmbH, Norderstedt / Germany